版权贸易合同登记号　图字：01-2020-4902

图书在版编目（CIP）数据

火的大百科 ／（瑞典）夏洛特·赛德隆德著；（瑞典）大卫·亨森绘；陈彦坤，马巍译. --北京：电子工业出版社，2021.6

ISBN 978-7-121-40967-7

Ⅰ.①火… Ⅱ.①夏… ②大… ③陈… ④马… Ⅲ.①火－少儿读物 Ⅳ.①TQ038.1-49

中国版本图书馆CIP数据核字（2021）第066925号

责任编辑：苏　琪　文字编辑：翟夏月

印　　刷：天津画中画印刷有限公司

装　　订：天津画中画印刷有限公司

出版发行：电子工业出版社

　　　　　北京市海淀区万寿路173信箱　邮编：100036

开　　本：889×1194　1/12　印张：3.5　字数：42.5千字

版　　次：2021年6月第1版

印　　次：2021年6月第1次印刷

定　　价：59.00元

凡所购买电子工业出版社图书有缺损问题，请向购买书店调换。若书店售缺，请与本社发行部联系，联系及邮购电话：（010）88254888，88258888。

质量投诉请发邮件至zlts@phei.com.cn，盗版侵权举报请发邮件至dbqq@phei.com.cn。

本书咨询联系方式：（010）88254161转1882，suq@phei.com.cn。

火的
大百科

[瑞典]夏洛特·赛德隆德/著

[瑞典]大卫·亨森/绘

陈彦坤 马巍/译

电子工业出版社·

Publishing House of Electronics Industry

北京·BEIJING

序言

　　我的爸爸小时候十分痴迷于火。他喜欢观察火，甚至做出一些危险的动作，比如把手放在火焰上。长大后，父亲对火的兴趣消退了。但是，这种"迷恋"似乎传给了我。

　　虽然都对火着迷，但我与我爸爸并不一样。我渴望了解火。火如何产生？为什么危险？我们又该怎么样保护自己避免火灾危害呢？

　　为了解答这些问题，我成了一名消防工程师。消防工程师需要尽可能地提高建筑物的防火能力。我的责任是为建筑物选用防火材料，安装报警装置（火灾警报器）和灭火系统（喷淋装置），并规划紧急疏散路线，以便万一在发生火灾时拯救生命。

　　这本书中，我将分享所有曾让我爸爸"着迷"和让我迷恋的内容，例如火焰看起来如此美丽但又如此危险的原因……

什么是火？

火是类似气体的等离子体。蜡烛的火焰还包括会蒸发和燃烧的硬脂精，壁炉中的火焰则包括燃烧木材排放的气体。

火与火之间有什么区别？

火可以表现得十分"顺从"，例如壁炉和引擎（发动机）中的火。火也可能变成不受控制的灾难，烧毁房屋，威胁人们的生存。

火三角

火的出现必须满足三个要素：可燃物、氧气和温度达到着火点。可燃物是我们看到的正在燃烧的物体，木材、硬脂精（三硬脂酸甘油酯，蜡烛中的一种成分）或任何其他可燃的物体都可以作为可燃物。

氧气也是火的三要素之一，也就是说可燃物必须与氧气接触。此外，温度达到着火点是引发和保持燃烧过程的要素之一。不同可燃物开始燃烧（起火）需要的温度不尽相同。

火三角表明燃烧必须满足全部三个条件才能进行。否则，火就会熄灭。

不同颜色的火

火焰具有不同的颜色。温度高的火焰是蓝色的，温度较低的火焰是黄白色的。不同燃料也可以赋予火焰不同的颜色。例如，铅燃烧时会产生绿色的火焰。

着火点

着火点是燃料开始燃烧的温度，不同材料的着火点千差万别。例如，点燃蜡烛需要200摄氏度左右的温度，而报纸的燃点为130摄氏度以上，汽油在450摄氏度以上时开始燃烧。

不同材料燃烧时有什么区别？

木材的燃烧速度为每分钟约1毫米。换句话说，一堵1厘米厚的木墙单面燃烧大约10分钟后，才会出现贯穿的孔洞。

钢材不会燃烧，但也无法避免高温的影响。温度达到500摄氏度时，钢材开始弯曲，并且有可能垮塌。通常，有多种方法可以增强钢材的耐火性能，例如在钢材表面添加特殊的涂料层——这种涂料可以在受热时膨胀并保护钢材。

混凝土也属于不可燃材料，但面临高温的烘烤时，混凝土也会膨胀并产生裂缝。

火势蔓延

起火了

　　无人照看的燃气灶是引发火灾的最常见原因。燃气灶继续加热锅中残留的食物或者无意留在燃气灶旁边的抹布，都可以让可燃物开始燃烧。一旦开始燃烧，火势很容易蔓延。技术故障是引发火灾的第二种常见原因，例如短路的计算机或电视机。

火势如何蔓延？

　　可燃物开始燃烧之后，例如燃气灶上平底锅中的食物或沙发上的笔记本电脑，这些材料将会释放烟雾。炙热的烟雾进一步引燃其他可燃物，让火势蔓延到窗帘或厨房橱柜。

闪燃

    密闭空间里所有可燃物都开始燃烧之后，火将进入闪燃阶段。通常，从起火到闪燃只需要几分钟时间。闪燃意味着火已经进入全面燃烧阶段，并将继续燃烧，直到被扑灭或者自己熄灭为止。在全面燃烧的空间内，温度可以达到1000摄氏度以上。

纵火

    纵火是一种故意引发火灾且较为常见的犯罪行为，可能波及各类建筑，包括学校和公寓楼。纵火犯可能面临数年监禁的惩罚。

纵火癖

纵火癖是一种精神疾病，患者着迷于点燃物品。

挽救、示警、报警、灭火

面对火灾，清楚哪些是恰当的行为十分重要。对于幼小的儿童来说，迅速离开起火地点并待在外面的安全环境中才是第一选择。对于年长一些的青少年，最好记住以下词语："挽救、示警、报警、灭火"。

挽救

拯救那些面临火灾威胁的人，但同时要避免自己陷入危险。尽快离开密闭空间并到达空旷的环境，这一点很重要！请记住，有毒的烟雾会上升到天花板附近，所以最好通过爬行来远离烟雾。而且，靠近地板的视线更好，空气更适合呼吸。

示警

向那些受到火灾威胁的人示警，以便他们前往安全的环境。

报警

拨打火警电话119报警，呼叫消防救援。并提供必要的信息。

所有119报警电话都有专门的接线员处理，他们将提出一些问题，以便尽可能明确你遇到的情况：

灭火

在力所能及的情况下灭火，例如对准燃烧的物体使用灭火器。注意，不要朝着火焰使用灭火器。

119

-发生了什么事？

-发生地点在哪儿？

-你是谁，你在哪儿拨打的电话？

记住119——要要救！

火警

烟雾报警器或消防警报系统是目前应对火灾的最好防护措施。烟雾报警器或消防警报系统的烟雾探测器可以感应烟雾并发出警报的声音，帮助我们尽早发现火情，拥有充裕的逃生时间，甚至阻止火势蔓延。

如何逃离起火的建筑物？

通常，我们通过门或窗户逃离建筑物。商店、学校和其他公共建筑物都规划了紧急疏散路线，我们可以循着绿色的安全出口标志离开建筑物。

许多建筑物都会在较为醒目的位置悬挂建筑物地图（紧急疏散路线图），我们可以通过图示找到安全离开建筑物的路线。进入一幢陌生的建筑物时，请务必查看紧急疏散路线图，以便有备无患，确保在发生意外情况时能够尽快逃离。

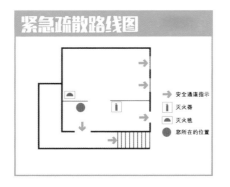

公寓楼的住户通常从楼梯间离开建筑物。如果公寓起火了，请务必在离开公寓时关上房门，防止危险的烟雾扩散到楼梯间，威胁更多人的生命安全。相反，如果楼梯间已经充满了烟雾，请留在家中。根据建筑标准要求，公寓一般在火灾发生后60分钟内是安全的。

火中逃生记

外面吵闹得厉害，噼里啪啦声传入了卡里姆的梦中。卡里姆在床上扭动着身体，他不想醒来。"就没有人去阻止那些噪声吗？"

"卡里姆！"

有人用力地晃动着他的手臂。

"醒醒，卡里姆！你必须起来。"

越来越急迫的声音赶走了卡里姆的睡意。他慢慢睁开眼睛。卧室里黑漆漆的，但爸爸趴在床边的身影依稀可辨。

"爸爸？"卡里姆揉了揉眼睛，"已经天亮了吗？"

爸爸摇了摇头。卡里姆感觉父亲好像很不安，没有了平时的沉着冷静，语气里充满了焦虑和担忧。

"着火了！"爸爸说，"我们必须到外面去。"

爸爸攥紧了卡里姆的胳膊，把他从床上拉了下来。卡里姆感觉很疼，心脏也怦怦直跳。"真的着火了？就在咱们家？"他努力让自己平静。学校举行消防演习时，消防员说过些什么？

爸爸打开了卧室的门，卡里姆看到天花板已经被弥漫的黑色浓烟遮住了，外面看起来更可怕。爸爸咳嗽着，试图将卡里姆拉到身边一起走出房门，但卡里姆拒绝了。

"烟雾非常危险。"卡里姆说，"我们最好趴下，躲开烟雾。"

爸爸盯着卡里姆，他的表情看起来很焦躁。但他还是点了点头。

"你是对的，儿子。"

他们趴在地板上，开始向房间外爬。卡里姆在前面带路，他害怕极了。不过，感觉到爸爸的手碰到他的小腿时，卡里姆就会平静许多。房间里很暗，视线也不好，但卡里姆很熟悉这里，闭着眼睛都能准确找到房门。他尽可能快地爬行，努力不让怦怦的心跳影响自己。进入厨房时，卡里姆突然停了下来，猝不及防的爸爸撞到了他。黄色的火焰在水槽上跳跃，几乎碰到了天花板。火焰熊熊，烟雾浓密。

"不要停。"爸爸说着，轻轻地推了推卡里姆。

"不能往前了。"卡里姆回答，"看！"

卡里姆指着厨房旁边的走廊。通向房门的走廊已经被火焰挡住了，因为挂在厨房墙上的毛巾烧得正旺。他们必须穿过燃烧的毛巾才能进入走廊。

爸爸说："我们过不去了！"

卡里姆能听出爸爸声音中的恐慌。他用力吞了一口唾沫。"怎么办？我们该怎么逃生？"公寓在二楼，他们也不能直接从窗户跳下去。突然，卡里姆想起了演习时消防员曾告诉他们的话。

"阳台！"卡里姆说，"只要爬到阳台，消防员就能看见我们了！"

他们开始往回爬。天花板附近的烟雾越来越浓，也越来越低了。卡里姆知道，他们必须加快速度，因为烟雾充满房间后他们将无法呼吸。卡里姆立刻找到了阳台的门，早晨的阳光透过玻璃照了进来，指明了方向。爸爸伸出手去抓门把手，身体重重地撞在玻璃门上。门突然打开了，他和卡里姆都摔到了阳台上。

这里的空气很冷，但很干净。爸爸和卡里姆都深吸了一口气，稍微咳嗽了几下，然后再次呼吸。在他们头顶，黑色烟雾从敞开的阳台门涌出来。爸爸关上了门，让烟雾留在了公寓里。

"爸爸，你听到了吗？"

警笛声越来越近。卡里姆踮起了脚，从阳台栏杆往下看。一辆消防车驶入楼下面的街道，停了下来。警笛声停了，但车顶的警灯仍在闪烁。几名消防员从卡车上下来，他们穿着厚重的衣服，还戴着头盔和面罩。卡里姆大喊大叫，希望引起他们的注意。但是，他的声音被风带走了。消防员也进了楼内。

"爸爸，你也要使劲喊！"卡里姆说。

爸爸站在卡里姆旁边，看到消防车旁仍然站着两名消防员。他们再次大喊大叫。现在，声音一直传到了那边。消防员抬头，惊讶地挥起了手臂。

"坚持住！"他们大喊，"我们马上救你们！"

他们迅速从消防车顶取下梯子。不久，升降梯升到了阳台的栏杆外。一名消防员爬了上来，向卡里姆伸出了手。

"嗨，我是丝莉。"她说，"你们非常勇敢，现在你们得救了。"

如何灭火？

消防员

消防员通常用水或泡沫灭火。消防车配有一个容量达2 000升的水箱。如果水箱的水不足以灭火，消防车还可以借助消火栓和水龙带取水。

如果附近没有消火栓，消防员可以使用容量达10 000升的水罐车（相当于60多个装满水的浴缸），也可以利用水泵直接从附近的水源中抽水。

对于不适合用水灭火的火灾，例如易燃液体（汽油等）或者容易倒塌或不能用水的建筑物（例如古建筑或计算机房）起火，干粉灭火器是不错的选择。针对燃烧的易燃液体，干粉可以在液体表面堆积，隔绝氧气并帮助液体降温，进而达到灭火的目的。对于使用或存放易燃物品的建筑物，救援人员可以用消防泡沫填充着火的房间——泡沫既可以降温，也可以隔绝氧气。

灭火器

灭火器是一种有效的灭火工具，但只适合较小的火情。几乎所有建筑物都要求配备灭火器，最常见的是泡沫或干粉灭火器，太空飞船则使用的是二氧化碳和水基型灭火器。

使用灭火器时，第一步是拉出手柄上的保险销，然后靠近火源，上身前倾，将灭火器喷嘴对准燃烧的物体而非火焰喷射。注意，尽可能远离烟雾。这一点非常重要，因为吸入烟雾非常危险！

消防喷淋系统

火灾对某些建筑物的威胁可能特别高，例如人流密集的购物商场（可能导致严重的人员伤亡），或者存放贵重物品的特殊仓库。此类建筑物可以安装消防喷淋系统：一种固定在天花板上的水管系统。可以喷水的喷头沿管道均匀分布，每个喷头都配有小巧的热敏元件。这种元件可以在温度过高时破裂，让喷头开始喷水。消防喷淋系统的最大优点在于能够于消防员到达之前开始灭火，从而尽可能减少损失。

消防喷淋系统是美国人亨利·帕马利（Henry Parmalee）在1874年发明的，因为他自己的钢琴工厂需要完善的防火措施。

敏感空间

水并非万能的灭火方法。在某些建筑物（例如存放计算机的数据中心）中，用水灭火可能导致与火灾相差无几的严重后果。因此，人们开发了气体灭火方法：利用气体隔离氧气与可燃物，进而达到灭火的目的。

衣服起火

如果发现有人的衣服起火了，请让他立即躺倒，用厚重的毯子等物品盖住身体隔绝氧气，进而扑灭火焰。

衣服起火

电视起火

如果电视起火燃烧，首先要拔掉插头，然后再使用灭火器灭火。

锅中起火

如果平底锅中的食物开始燃烧，请移开平底锅，然后用盖子灭火（隔绝氧气，所以需要一些时间）。如果热油起火，切勿用水灭火，因为水进入滚烫的油锅会引发"爆炸"，有可能让火势蔓延，而且滚烫的液体也可能溅到你身上。

消防与救援

发生火灾时，我们需要求助于消防队。消防队是负责扑灭火灾和挽救生命的机构。

从接到报警电话开始，消防救援人员只有90秒的时间来更换服装并登上消防车，然后消防车就会启动出发。为了帮助消防员节省时间，消防队通常会在二楼安排办公室和24小时值班室，而消防车就停放在一楼的车库中。所以，消防员顺着贯穿二楼地板的滑杆就可以滑到一楼。在城市里，消防队的响应时间通常要求在10分钟以内，也就是说消防队需要在接到报警后10分钟内抵达起火现场。

消防救援队配有多种不同类型的车辆，其中消防车最为常见。消防车可以搭乘5名消防员：一名团队负责人、一名驾驶员兼水泵看管员和3名灭火员。消防车有一个容量约2000升的水箱、一架14米的梯子和最常用的消防工具。

云梯车和水罐车也属于消防车辆。云梯车配有一架超长的伸缩梯子（高32米），可以让消防员登高灭火和营救被困人员。水罐车主要是一个大水箱，适用于在没有消火栓和远离水源的区域灭火。

消防车辆还包括许多专门用于化学事故的特殊车辆，用于应对危险的化学物品溢出事件和危害自然环境的污染事故。

发生事故时，消防队将收到警报，而警报分为不同的优先级。一级优先报警最为紧急，需要消防队在启动警灯和警报器的情况下尽快赶赴事故现场；二级优先警报的紧急程度相对较低，消防车前往事故现场时无需使用警灯。

消防救援伴随城市的发展而出现。以往，监控火灾是城市警卫的一项职责。1666年伦敦大火后，伦敦市建立了新型消防队。到了19世纪，专业消防队已经成为大城市的标准配置。

有些建筑物甚至建立了专属消防救援队，例如核电站，因为核电站火灾可能导致极其严重的后果，保证第一时间的消防和救援十分必要。

消防救援队不仅处理火灾警报，而且还经常出现在交通事故现场。

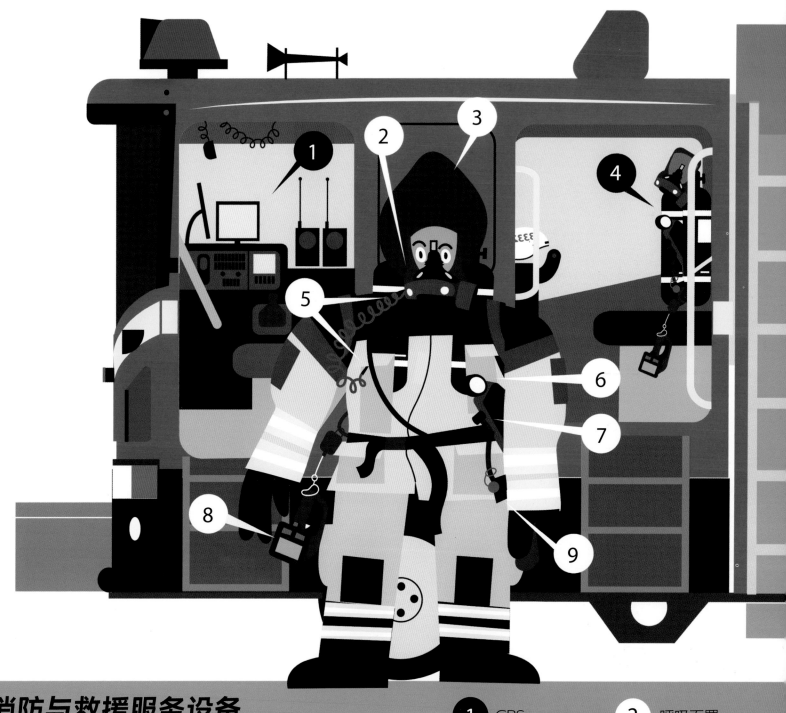

消防与救援服务设备

1 GPS

2 呼吸面罩

3 防火面罩

4 呼吸设备

5 消防员无线电通信设备

6 压力表

7 备用气罐

8 红外热像仪

9 PASS设备（个人安全警报系统）

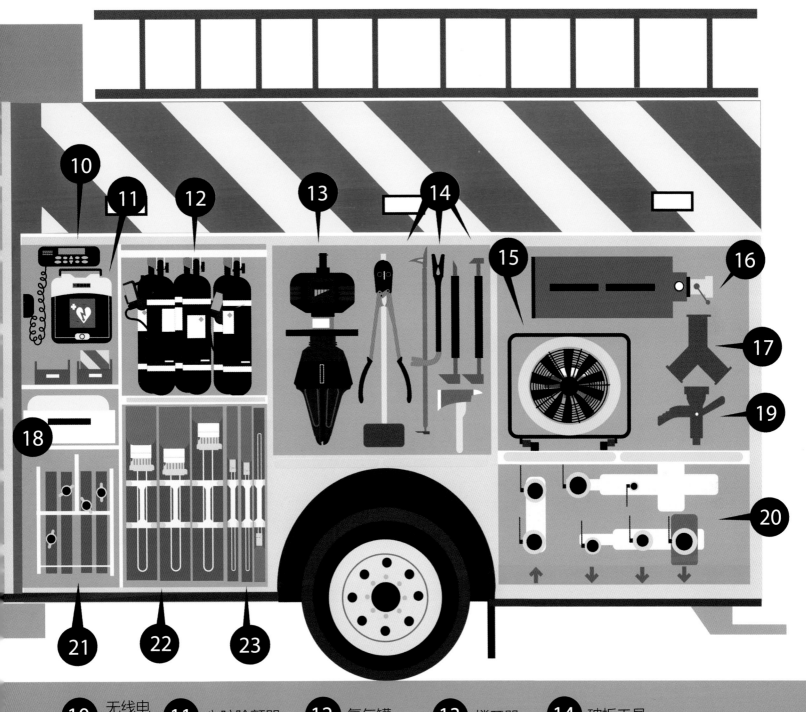

10 无线电设备

11 心脏除颤器（AED）

12 氧气罐

13 撑开器

14 破拆工具

15 风扇

16 泡沫喷嘴

17 分水嘴

18 灭火毯

19 消防水龙带喷嘴

20 消防水龙带与水箱的连接

21 带滚轮的水龙带

22 粗消防水龙带

23 细水龙带

紧急情况

埃琳娜醒了，因为警灯在闪烁。警报响了，下一秒灯也亮了——公寓火情，高优先级。她坐了起来，双手拉拽裤子和毛衣，迅速穿好了衣服。

走廊仍是昏暗的，但她发现蓬托斯比她还要快了一步。他们一起向滑杆跑去。蓬托斯按下按钮，自动门打开了。滑杆在昏暗的灯光下闪着光。蓬托斯毫不犹豫地抓住了滑杆，然后消失在洞中。埃琳娜紧随其后。金属给她的手带来了一丝凉意，顺着滑杆下楼时，滑杆蹭着她的腿，让她感觉有点儿痒。

车库的灯已经亮了。埃琳娜眯起眼睛，有些不适应明亮的光线。但她没有停止移动，因为没有时间停下来：90秒的时间很短。警报仍未停歇，一遍又一遍地重复着："公寓火情，高优先级。"蓬托斯已经穿好了裤子，正在穿外套。埃琳娜也抓紧时间穿戴制服：她直接跳进了长靴，把长裤的背带拉到肩膀上。阿里和丝莉小跑着进来了，阿里打着哈欠，但眼睛显示他已经清醒。后面跟着埃里克，他总是最后一个到。

蓬托斯启动消防车时，埃琳娜爬上了后座。车库门缓缓打开，夜晚凉爽的空气涌了进来。埃琳娜深吸一口气，努力让清新的空气赶走疲倦。

埃里克、阿里和丝莉也跳上了消防车，关上了车门。丝莉是这一组的组长，她坐在前排，面朝后排，身体倚着前风挡玻璃下方的屏幕。

"263-2010号救援任务。"扬声器中来自火警中心的声音说道，报警电话提供的信息显示，阿巴斯斯科纳瓦根街4号一栋公寓起火，现场存在大量的烟雾。公寓中可能有人。

"263-2010号救援任务已接受。我们正在路上，到达后再回电话。"

蓬托斯把消防车开出了车库，然后拉响了警报。消防车在路上风驰电骋，警报与发动机的噪声混合在一起。埃琳娜把手伸到背后，拉紧了呼吸器的背带。消防车拐弯时，她抱紧了胸前的氧气瓶。街道空无一人，蓬托斯快速行驶，以尽快到达现场。

接近住宅区时，消防车上的人们看到了升起的烟雾，浓黑的烟雾在清晨灰色天空的衬托下十分醒目。丝莉为蓬托斯指路。楼房之间有很多条交叉的道路，他们不想浪费一点儿时间。

蓬托斯将消防车停在了公寓楼的入口处。埃琳娜打开车门跳下了车，然后正了正面罩，保证面罩紧贴脸部。埃林娜感觉到了自己怦怦的心跳，还听到了丝莉向火警中心简短报告的声音，以及蓬托斯打开消防车百叶窗的声音，但她没有受到干扰。相反，她努力适应这种状况：建筑、囤雾、调度。

　　阿里向她和埃里克挥手。

　　"楼梯间已经充满了烟雾，"阿里说，"起火的公寓立于二楼。公寓中可能还有人，所以我们要尽快救人。还有问题吗？"

　　埃琳娜和埃里克摇了摇头。蓬托斯加入了他们的行列，递给埃琳娜一个消防水龙带喷嘴。

　　"取下中心水龙带。如果需要，我会准备更长的水龙带。"

　　埃琳娜点头。

　　"我们开始吧。"

　　楼梯间的烟雾较为稀薄，视线清晰。埃琳娜、埃里克和阿里沿楼梯上楼。细水龙带便于携带，他们在公寓门口亭了下来。阿里打开了投递邮件的小门，一股黑色烟雾跑了出来。他摘下手套，把手掌伸了进去，以感觉房间的温度。然后，阿里转了转门把手。

　　"门是打开的。"他说，"你们可以开始了。"

　　门打开了，埃琳娜抓紧了消防水龙带喷嘴。黑色的烟雾从门里飘了出来，进入了楼梯间，埃琳娜蹲下身体，努力朝烟雾弥漫的房间看去。埃里克将热像仪举到面前，对准了黑暗的房间。

　　"厨房！"他说，"是厨房起火了。"

火灾统计数据

死伤人数

2017年，瑞典有110人因火灾丧生，其中老年人占多数，而且许多火灾是室内吸烟引发的结果。

瑞典平均每年有一名消防员殉职，而殉职通常与交通事故有关，而非火灾。

美国每年有超过100名消防员死亡。各国之间的数据差异可能源于消防员培训方式、身体素质要求、灭火方式以及建筑物防火设计等多方面的因素。

谁负责防火工作？

瑞典有大约5 000名专职消防员和10 000名兼职消防员。

女性消防员仅占总数的5%。这可能是多种因素作用的结果，例如该职业需要强壮的身体等。

成为一名消防员之前必须完成为期两年的消防员培训。

消防工程师经常需要在施工前参与建筑的消防设计，以增强建筑物的防火能力，减少火灾隐患，减轻火灾对建筑物及住户的危害，同时设计安全通道，增加住户的生存概率。成为一名消防工程师必须完成为期3.5年的高校消防工程课程。

火灾很频繁吗？

每年，瑞典消防救援队要向学校出警5 000多次，其中约500次是处理真正的火情，其余多为自动警报和假警报。假警报是明知没有起火的情况下，呼叫消防救援服务的行为。不幸的是，假警报很常见，学校中同样如此。每年，火警控制中心接到的假警报数量可能完全多于真警报。在没有切实需要的情况下呼叫应急服务是一种不明智且违法的行为，因为这可能占据宝贵的资源，让火警控制中心在接到真火警时没有消防车可派。

每年，瑞典紧急服务部门扑灭约4 000起汽车火灾。以往，汽车起火通常源于技术故障，现在则多是纵火的结果。

最大、最难和最好

全球最严重的森林火灾

过去200年全球最严重的森林火灾发生在1987年西伯利亚和中国相邻地区，这场大火吞噬了近1.7万平方千米的森林。

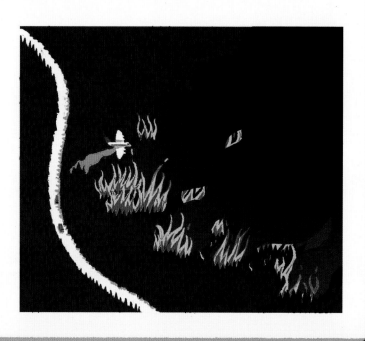

伦敦大火

伦敦大火几乎烧毁了整个伦敦。这场大火发生在1666年，烧毁了约13 200所房屋、87间教堂和44栋企业建筑物，还有伦敦皇家交易所、圣保罗大教堂、市政厅、布里奇韦尔广场、法院大楼、4座泰晤士河桥梁以及3座城门，导致约10万人无家可归——占当时伦敦人口的六分之一。

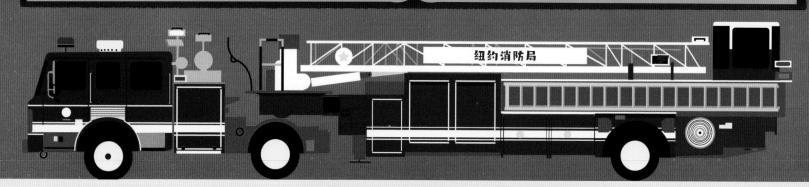

纽约消防局

巨无霸消防车

美国拥有全世界最大的消防车。这些巨无霸消防车需要两名驾驶员——前后端各一名。后方驾驶员控制消防车的后半段，因此相比只有一名前方驾驶员的车辆，这辆车具有更小的转弯半径。消防员将这些巨无霸消防车戏称为翻土机（Tiller）。

极端疏散

　　某些建筑物需要的疏散时间更长一些，例如全球最高建筑——高达828米的迪拜哈利法塔。位于哈利法塔高层的人们只能借助逃生电梯撤离，因为利用楼梯间步行下楼需要的时间过长。特制的疏散电梯在大火中也能正常工作。

　　矿山和地下设施疏散可能需要花费数个小时。通常，隧道内会安置巨大的风扇，用于帮助排出内部的烟雾。

全球最优秀的消防员

　　世界消防救援锦标赛每两年举行一次，是世界各地消防员的一次盛会，可以让消防员汇聚一堂并通过不同的比赛项目一决高下，从而评选最优秀的消防员。这些赛事包括穿着全套消防装备的爬楼赛跑，以及常见的篮球和举重等项目。

火焰魔术师

　　火焰魔术师能够将燃烧的火把或其他物品放入口中。吞火和喷火是马戏团常见的表演项目。有记录显示，火焰魔术师能够从口中喷出高达约1.2米的火柱，或者持续喷火约10秒钟。

火的历史

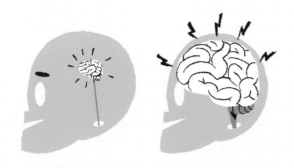

　　大约一百万年前，人类学会了生火。40万年前，壁炉已经出现。火给人类带来了很多好处，例如提供热量，帮助我们烹饪和加热食物，让食物更容易被身体吸收。因为火，人类进化出了更聪明的大脑和更小巧的消化系统——相比血缘最近的猴子来说。火也让人们的住所更靠近。在以打猎和采集为生的古代，人们必须注意保存火种。火种需要专人看管，所以不可能所有人同时外出狩猎或采集食物。火促进了人们的合作，也加快了技术的发展。

工业革命

　　以往，人们大多居住在农村，以饲养动物和耕种土地为生。到了19世纪，由于各种新技术和发明，使人们的生活发生了改变。新技术让工作变得简单，养殖和耕种需要的人数减少，于是越来越多的人搬到城市并进入工厂工作，这使得工业加速发展。19世纪最重要的技术发明当属蒸汽机驱动的纺织机和蒸汽机车。

蒸汽机

　　蒸汽机是一种利用水和火来产生能量的发动机。火加热让水变成蒸汽，蒸汽的体积增加（比液态水占据更多的空间），因此在发动机内部产生压力，压力推动汽缸中的活塞往复运动，进而推动机器运转，例如让蒸汽机车的车轮滚动。

内燃机

内燃机的应用非常普遍，包括汽车、飞机、轮船、摩托艇、拖拉机、雪地摩托、割草机在内的许多机器都配有内燃机。内燃机的工作原理与蒸汽机类似，但大多以汽油或柴油作为燃料，而且燃料在密闭的内部空间燃烧，而非在外部。不幸的是，内燃机释放的二氧化碳是导致气候变化的主要原因之一。现在，科学家仍在开发新的内燃机技术，而环保也是其研究的一项重点内容之一。

火柴

磷火柴最早于1831年面世后，立刻受到了广泛欢迎，因为这种火柴可以在任何表面摩擦并点燃。但是，过于易燃是早期磷火柴的一大缺陷：即使装在盒子或口袋中，这种磷火柴也很容易燃烧，并引发事故。

数年后，瑞典教授古斯塔夫·埃里克·帕斯（Gustav Erik Pasch）取得了一项新的发明专利。为了避免火柴意外点燃，增强安全性，他拆分了火柴引火的化学成分：其中部分成分包裹在火柴棒一端，其他的则涂抹在火柴盒的侧面。这种新的火柴称为安全火柴，并且沿用至今。

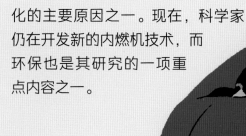

火、动物与自然

森林火灾

森林火灾并不完全是一件坏事，很多时候它也能够为新的生命提供机会。森林大火可以改变森林物种之间的竞争关系。火灾之后，许多生命随之消失，森林中出现的新空间很快就会被其他生命占据。由于争夺空间和食物的竞争减弱，许多生命可以因为大火而受益。

火与动物

大多数动物都不喜欢火，并认为那是一种应该远离的危险事物。面对火灾，动物的反应可能差异巨大：有的转身逃跑，有的躲入地下。

不过，据称也有十分喜爱火的动物，那就是传说中的龙。传说中的龙通常是一种类似蜥蜴的大型生物，可以飞，能够喷火。现实世界中并没有真正的龙，但有一种小型甲虫拥有"喷火"的能力。这种甲虫叫作射炮步甲，俗称放屁甲虫，它可以通过肛门喷射两种液体来攻击敌人，保护自己。这两种液体在空气中相互混合并发生反应，然后变成约100摄氏度的高温气体。所以，放屁甲虫实际利用的是高温气体，而不是火。

面对大火，马匹会直冲向火焰。你知道这是为什么吗？驯养前的野马生活在森林或大草原中，这种环境的火势经常会迅速蔓延，甚至超过马的奔跑速度。因此，逃生的马群会试图穿过熊熊火焰，跑到另一侧没有燃烧的安全地带。不过，这种遗传行为会引发现代驯养马匹的迷惑性行为——有时被救出的马匹会再次跑回燃烧的马厩。

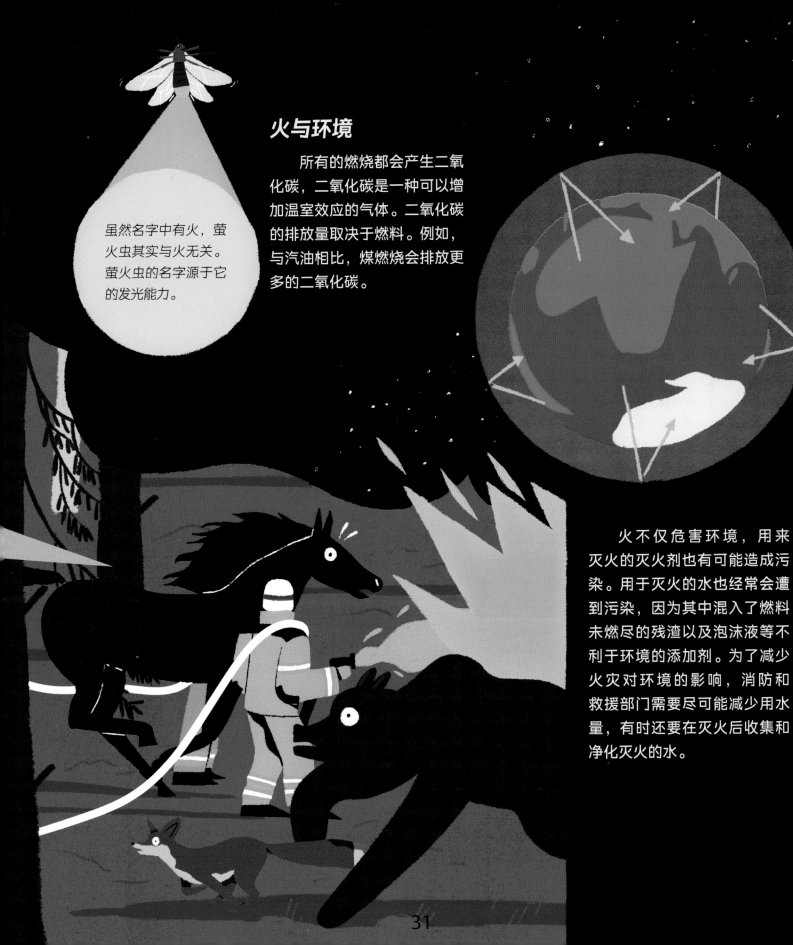

火与环境

所有的燃烧都会产生二氧化碳，二氧化碳是一种可以增加温室效应的气体。二氧化碳的排放量取决于燃料。例如，与汽油相比，煤燃烧会排放更多的二氧化碳。

虽然名字中有火，萤火虫其实与火无关。萤火虫的名字源于它的发光能力。

火不仅危害环境，用来灭火的灭火剂也有可能造成污染。用于灭火的水也经常会遭到污染，因为其中混入了燃料未燃尽的残渣以及泡沫液等不利于环境的添加剂。为了减少火灾对环境的影响，消防和救援部门需要尽可能减少用水量，有时还要在灭火后收集和净化灭火的水。

森林火灾

森林间的空地热闹非凡。孩子们玩得很开心，父母想让他们平静下来都做不到。时不时有人摔倒，眼泪与尖叫声混在一起。不过，一番安慰和拥抱之后，跑步比赛和嬉闹又重新开始了。

松鼠从树上注视下方的一切。它蹲坐在树叶和树枝后面，努力避开孩子们的目光，它可不想成为这群尖叫的孩子们的玩物。吵闹、指指点点和攀爬跳跃，这群孩子们的嬉闹经常会吓到它，让它膝盖发抖。尽管如此，它仍不愿远离这片空地，因为这里有它的家。松鼠喜欢家周围的环境，虽然它更享受人类离开后的宁静。

"该收拾东西了！"其中一位父亲大声喊道。

立刻，空地上的人们全都动了起来，收集玩具和剩菜，孩子们在树林边的草地上撒尿，整理背包。有那么一刻，空地中像炸开了锅一样喧嚣。然后，人们陆陆续续开始离开。

松鼠感觉到一丝放松，也许所有的骚动平息之后它可以休息一会儿。但是，它看到了空地上有一块地方在闪光，就是放置一次性烤架的那个地方。

"火！"它想喊，"火还着着呢！"

但是，松鼠不会人类的语言，即使会，那些人也已经走远了。他们正在回家的路上，并不知道身后发生了什么。

大火开始在草地上蔓延，朝各个方向燃烧。夏天炙热的阳光让草木变得干枯，这加剧了火势。当黄色的火焰越变越大时，松鼠吓坏了。它该做点儿什么？它又能做点儿什么？

如同饥饿的猛兽，火吞噬了遇到的一切。而且，吞噬得越多，火势就变得越大、越猛烈。如同一个膨胀的气球，更像一个咆哮的怪物，火很快占据了森林间的空地。

"着火了！"

人类的尖叫让松鼠浑身打颤。几只鸟从树上飞到了空中，还发出了刺耳的叫声。在空地的另一侧，有一位父亲呆呆地站着。他一定是落下了什么东西，才会急急忙忙地返回来。可惜太晚了。现在，面对升腾的火焰，这位父亲也无能为力。

　　这位父亲把手机放到了
耳边，凝视着大火，似乎在等
待什么，就像那只松鼠一样。他
们都不想放弃这个空地。

　　突然，起风了。风吹过空地，强烈
的气流让树枝摆动，叶子沙沙作响。借助
风势，火苗张牙舞爪地从草地上跳了起来，爬
到了松鼠所在的那棵树。赶在火焰吞没它所在的树
枝之前，松鼠跳了下去。尾巴上的毛发被燎到了，它跟跄着
落在地面。

　　回望这片空地，它只看到了一片火海。现在，整个草地和周围的树木都在燃烧。它必须
离开了，别无选择。

　　松鼠冲进森林。烟雾灼痛了它的鼻子，眼睛开始流泪，但它没有让这些影响自己，专心
地一路奔跑，想着尽可能快地逃离。但是，无论它多么努力地逃跑，火一直追在它身后。像
撒欢的孩子们，火苗散落在草丛和树木之间，如同饥饿的兽群一样吞噬着森林。

　　"我还能坚持多久？"松鼠的心跳得很快，感觉热血上涌。它可以长时间奔跑，但是跑
到什么时候才能安全？火焰越来越近，舔舐着它的身体，身体皮毛被烧焦的味道冲击着松鼠
的鼻子。但是，还没有疼痛的感觉，至少目前它没有感觉到。

　　然后，松鼠看到树后有什么东西——巨大的、方方正正的红色物体。它还听到了尖锐的
声音。随后，它感觉到了"雨"。及时而可爱的冷水倾盆而下，森林湿了，松鼠身上也湿
了，火减弱了。吞噬森林的火焰伴着嘶嘶的声音消失了。松鼠用最后的一丝力量躲到了红
色消防车的后面。它的身体精疲力尽，内心充满悲痛。烟雾仍在向上升起，但现在变淡了很
多，还混杂着水汽。森林恢复了希望，但空地消失了。

　　不过，这只松鼠还活着。它会找到新的空地：宁静的、没有孩子们嬉闹的空地，也没有
一次性烤架，更没有火的空地。

神奇的火

无论在宗教还是神话中，火都扮演着重要的角色。

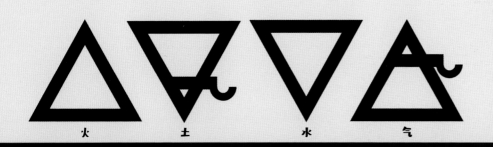

火　土　水　气

四元素

包括犹太教、道教和佛教在内，许多宗教都有基本要素的概念，而土（地）、气、火和水是经常出现的四个要素。古希腊哲学家还提出了世界是由四要素构成的概念。

占星学将黄道十二宫（太阳十二星座）分为四组，每组对应一个要素。其中，白羊座、狮子座和射手座属于火象星座。

燃烧的灌木丛

根据《旧约全书》的记载，摩西看到了燃烧的灌木丛。他十分好奇，不断地靠近，然后听到了上帝的声音。上帝要求摩西带领他的子民离开埃及。

火神

很多古老的宗教都有火神。
维斯塔（Vesta）是罗马宗教中守护壁炉、家和家庭的女神，她的神殿中燃烧着永不熄灭的火焰。赫菲斯托斯是古希腊的铁匠、火与火山之神，而洛基是北欧神话中的火神（更多时候，他被人们视为恶作剧和谎言之神）。

易燃易爆品

许多物质会在起火后变得特别危险，因为这些物质燃烧得特别快，或者起火时容易发生爆炸。运输和存储此类物质时必须谨慎处理，以避免出现意外。

此类危险物质称为危险品。运输危险品经常需要特殊的道路交通网络，而且运输车辆必须带有警示标志，以便在发生事故时方便紧急部门辨认。

欧盟塞维索指令

在欧洲，有害物质的生产和储存必须遵守欧盟塞维索指令。20世纪70年代，意大利塞维索发生了严重的化学污染事故，事故导致含高致癌性物质（二恶英）材料的泄漏，污染了当地环境，对居民健康造成了威胁。为了避免有害物质污染，欧盟颁布了塞维索指令。

二氧化碳

炸药

汽油

乙醇

液化石油气

沥青

火柴

杀虫剂

烟花

危险品标志

汽油、炸药、一氧化碳等物品在运输时都具有一定的危险性，这些危险货物可以分为9类，会用不同颜色、样式的图形标志来区分。留意路上行驶过的卡车，看看你会发现哪种标志？

注意用火安全

使用不易燃材料制成的烛台，将烛台放在平稳的表面，并与窗帘和其他可能被烛火引燃的物品保持一定距离。切勿在蜡烛点燃的情况下离开房间，至少不要离开太久。

不要在床上、扶手椅或沙发上为手机、平板电脑等设备充电，也不要在所有人都睡觉的夜晚为电子设备充电。

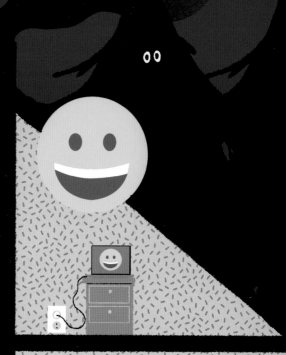

正确使用壁炉，避免火势蔓延。请勿把可燃物放在靠近火源的地方，并注意定期清扫灰烬。

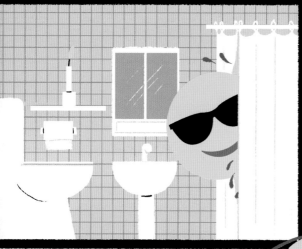

保持燃气灶周围清洁，不要在炉子表面放置可燃物，例如信件等。养成良好的习惯，在离家之前先检查燃气灶是否已经关闭。

为咖啡壶和其他厨房电器设置定时器。定时器会在指定时间断开电流，降低电器着火的风险。定期检查设备，确保没有弯曲断裂的电线。

适合家用的消防设备

烟雾报警器 最好在人们睡觉的房间放置烟雾报警器。串联的烟雾报警器最为合适，因为这样所有报警器可以在其中一台检测到烟雾时同时报警。

灭火器 家中应至少放置一个6千克的粉末灭火器。

灭火毯 灭火毯的尺寸应不小于120厘米×180厘米。灭火毯可以扑灭平坦物体表面和平底锅中的火。所以，最好将灭火毯放置在厨房附近。

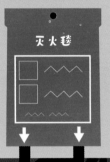

设备检查

烟雾报警器 需要每月测试一次按钮。
灭火器 检查灭火器的外观，确保一切正常。然后检查小型压力表，确保箭头位于绿色区域。

户外烹饪

如果需要在户外生火，最安全的方法是使用指定的烧烤区。如果没有专门的烧烤区，请务必谨慎选择生火地点，避免火引燃树木、灌木或枯草等可燃物。地面的选择同样重要，砾石或沙质地面更适合。在布满苔藓、泥炭和腐殖质的森林地面，火苗可能会在燃烧很长时间之后再烧到地面。不要在蚁丘或树桩附近生火。灭火时也要小心。让可燃物充分燃尽，然后用水浇透火堆，搅拌灰烬直到灰烬变凉，并在灰烬表面和火堆周围大量洒水。